KB253682

디지털 콘텐츠 프로그래밍
WIPI

디지털 콘텐츠 프로그래밍

차 례
Contents

머리말

휴대 단말 또는 모바일 단말에서 사용되는 소프트웨어 (S/W) 구조는 다른 모든 컴퓨팅 기기와 크게 다르지 않다. 하드웨어(H/W)와 함께 제공되는 펌웨어, 운영체제(OS), 미들웨어와 최상위의 응용 프로그램이 사용되는 것이다. 모바일 단말에서의 응용 프로그램은 콘텐츠로 대표된다. 그런데 국내에서는 '모바일 운영체제' 보다 '모바일 플랫폼' 이라는 용어를 더 자주 언급하고 사용한다. 그 이유는 국내에서 이동통신 방식을 CDMA로 표준화하고 있기 때문이다. 국내 시장에서 대부분의 휴대 단말은 퀄컴사가 제공하는 MSM 칩셋을 사용해 CDMA 통신을 지원한다. 따라서 퀄컴이 MSM 칩셋과 함께 제공하는 S/W 프로그램 환경에서 단말 제조사 및 서비스 제공자의 S/W가 개발되어 있다. 여기에서 MSM 칩셋이 제공하는 운영체제로 RexOS가 있다. 이것은 일반적인 범용 OS와는

많이 다르며, 모바일 단말에서 사용하는 다른 OS보다 기능에 제약이 많다. 초기 MSM 휴대폰 시장을 보자면 RexOS가 제공하는 환경에서 S/W를 개발해야 했다. 따라서 좀 더 효율적인 단말 자원 관리 및 응용 프로그램 계층에 더 편리한 프로그래밍 환경을 제공하기 위해 플랫폼 기술이 탄생했다. 이 플랫폼은 RexOS 환경에서 작동하기 때문에 미들웨어 플랫폼으로 분류되고 있지만 응용 태스크 스케줄링, 메모리 관리 등 OS 기능의 상당 부분을 수행한다. 또한 응용 계층에 실행 환경을 제공함으로써 '모바일 응용 플랫폼' 이라고도 하며, 휴대 단말에서 무선 인터넷을 지원하는 특성을 부각해 '무선 인터넷 플랫폼' 이라고도 한다. 이와 같이 국내에서는 모바일 플랫폼을 중심으로 그것이 제공하는 실행 환경 및 프로그래밍 환경에 따라 응용 프로그램이 개발되어 왔다. 이와 같은 시장 상황과 경험을 바탕으로 표준 플랫폼 위피(WIPI)는 탄생했다.

입문 WIPI

위피는 무엇인가?

위피(WIPI)는 영어 'Wireless Internet Platform for Inter operability'의 머리글자를 딴 것이다. 무선 인터넷 플랫폼 (Wireless Internet Platform)은 이동전화 단말기에서 퍼스널 컴퓨터(PC)의 운영체제(OS)와 같은 역할을 하는 기본 소프트 웨어를 말한다. 이것은 이동통신 업체들이 같은 플랫폼을 사용하도록 함으로써 국가적 낭비를 줄이자는 목적으로 2001년 부터 국책사업으로 추진되기 시작했다.

그동안은 한국의 이동통신 업체가 각기 다른 방식으로 무선 인터넷 플랫폼을 만들어 사용했기 때문에, 콘텐츠 제공업체도 그에 맞춰서 같은 콘텐츠를 여러 개의 플랫폼으로 만들 수밖 에 없었다. 따라서 콘텐츠 제작과 서비스에 따르는 여러 불필

요한 낭비 요소가 발생했다. 그래서 위피가 탄생했다.

2001년 중반 이후 개발이 시작된 국내 무선 인터넷 플랫폼 표준인 위피는 우리나라 정부에서 주도해 만든 휴대폰용 플랫폼으로, 2002년 말부터 국내의 각 사업장에 반영되어 2005년부터 생산되는 휴대폰에 의무적으로 장착하도록 돼 있다. 특히 위피는 단말기 제조 업체나 사업자가 단독으로 개발한 것이 아니라 한국무선 인터넷표준화포럼(KWISF)과 한국전자통신연구원이 주도하고 투자해 개발한 모바일 플랫폼으로 한국정보통신기술협회(TTA) 표준 TTAS.KO-06.0036으로 채택된 바 있다. SK텔레콤(주)·KTF(주)·LG텔레콤(주) 등 이동통신 3사와 한국무선 인터넷표준화포럼(KWISF)이 공동으로 개발한 2.0 버전은 자바표준화단체(JCP)의 표준 규격인 CLCD/MIDP와 완전한 호환성을 갖추고 있다. 이를 위해 KWISF는 미국의 선마이그로시스템스와 관련 기술 및 차기 버전을 공동 개발하기로 합의했다.

2003년 6월 LG전자(주)에서 처음으로 위피를 적용한 휴대폰이 출시됐고, 이보다 앞서 정보통신부와 이동통신 업계는 위피를 국제 표준으로 만들기 위해 2002년 6월 국제무선 인터넷표준화기구(OMA)에 국제 표준 관련안을 제안했다. 2.0 버전은 위의 이동통신 3사 외에 지어소프트(주)·이노에이스(주)·삼성전자(주)·IBM·아로마소프트(주)·모토로라·베텔시스템 등 국내외 60여 기업이 플랫폼 엔진 및 단말기 제조, 콘텐츠의 연구 개발에 참여하고 있다.

　무선 인터넷 플랫폼은 바이트코드(byte code)를 사용하는 기술과 바이너리코드(binary code)를 사용하는 기술로 크게 나뉠 수 있다. 위피는 이렇게 대조되는 두 가지 기술의 장점을 동시에 갖도록 개발돼 자바(Java)언어의 장점을 수용하는 동시에 바이너리코드의 실행 성능을 갖도록 했다. 위피 플랫폼은 C/C++/Java를 사용해 프로그램 개발을 가능하게 하고, 단말기에 탑재되는 위피 애플리케이션은 COD(Compile On Demand) 기법에 의해 바이너리코드로 만들어져 다운로딩된다. 결국 자바 실행 환경은 클래스로더(classloader), 버리파이어(verifier), JIT 컴파일러(JIT compiler) 등을 포함하게 된다. COD 게이트웨이에서 AOT 컴파일을 마친 바이너리코드를 단말기에 다운로딩하고 위피 단말기에서는 클래스로더와 유사한 기능을 가지는 바이너리코드 로더를 가짐으로써 다운로딩된 바이너리코드가 실행될 수 있도록 한다.

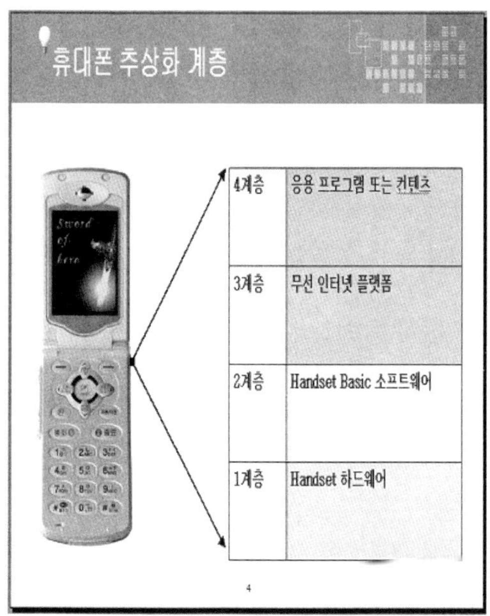

- 1계층 Handset 하드웨어 계층

  -일반 PC와 크게 다를 바 없다.

◇ 출력장치- LCD

◇ 입력장치- 키패드

◇ 처리담당- CPU

◇ 저장장치- 메모리

◇ 통신장치 등

■ 2계층 - Handset Basic 소프트웨어 계층

◇ 하드웨어를 제어하는 소프트웨어

◇ 시스템 소프트웨어

▶ 응용 프로그램 - 특정한 문제를 해결하기 위해 개발된 소프트웨어.

▶ 시스템 소프트웨어는 하드웨어 자원의 할당을 제어해 응용 프로그램이 실행될 수 있게 한다.

◇ 디바이스 드라이버, 음성 통신기능, 운영체제(OS).

■ 3계층- 무선 인터넷 플랫폼 계층

◇ 무선 어플리케이션(Application)들의 실행 환경 역할.

◇ 응용 프로그램 다운로드 서비스를 가능하게 해주는 환경.

◇ 기본 소프트웨어와 응용 소프트웨어 사이에 위치한 미들웨어(Middleware).

◇ 개발자 입장에서 바라본 무선 인터넷 플랫폼의 필요성.

▶ 첫째, 응용 프로그램에 공통의 프로그래밍 인터페이스 제공.

▶ 둘째, 응용 프로그램에 편리한 개발 환경 지원.

▶ 셋째, 업그레이드(Upgrade)의 편리성과 소프트웨어 다운로드(Download) 지원.

■ 4계층 - 응용 프로그램 또는 콘텐츠 계층.

◇ 프로그램이 이 계층에서 수행.

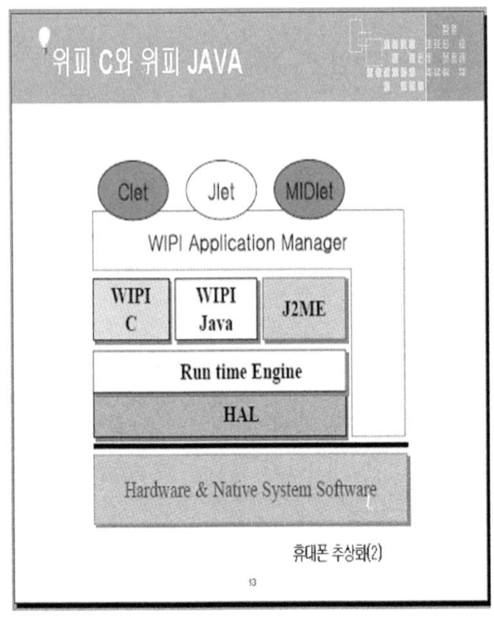

위피 구조는 크게 HAL(Handset Adaptation Layer), WIPI Run-time Engine, Basic API, WIPI Application Manager 등으로 나뉜다. HAL은 위피 플랫폼이 기반 시스템과 무관하게 동작할 수 있도록 하는 이식층을 제공하고 Basic API는 WIPI Application 개발자를 위해 C/Java 형태의 기본 라이브러리를 제공한다. Application Manager는 어플리케이션의 다운로딩, 설치 등과 같은 기본관리뿐 아니라 API 및 컴포넌트들의 추가, 갱신 등의 역할을 수행한다.

- ■ Clet, Jlet, Midlet
  - ◇ Clet
    - ▶ 모바일 표준 플랫폼 규격에 따라 작성된 C언어 응용 프로그램.
  - ◇ Jlet
    - ▶ 모바일 표준 플랫폼 규격에 따라 작성된 자바언어 응용 프로그램.
  - ◇ Midlet
    - ▶ MIDP 규격에 따라 작성된 자바언어 응용 프로그램.
    - ▶ 참고: Midlet은 위피 버전 2.0부터 포함
  - ◇ Midlet과 Jlet은 자바언어를 모태로 하기 때문에 혼용 시 문제가 될 수 있다.
    - ▶ let의 의미
      Clet은 C언어
      Jlet은 자바언어
    - ▶ let은 응용 프로그램이 적은 양의 코드로 이뤄졌다는 것을 나타낸다.

- ■ Clet vs Jlet
  - ◇ Clet과 Jlet은 기능면에서는 동일.
  - ◇ 플랫폼에서는 어떤 언어로 작성하든지 상관없이 바이너리로 수행.
  - ◇ 개발자는 선호하는 언어를 사용해 개발 가능.

■ Jlet이 강력한 이유

◇ 대부분의 응용 프로그램을 쉽게 작성.

◇ 포인터를 사용하지 않기 때문에 잘못된 포인터 사용으로 시스템 전체를 망치는 것으로부터 보호할 수 있음.

◇ 개발자의 기반이 넓음.

◇ 보안성이 우수.

◇ 이동통신사와 CP 업체에서도 Jlet을 선호.

◇ 많은 커뮤니티.

■ HAL 계층

◇ HAL은 Handset Hardware & Native System Software 계층과 위피 플랫폼 사이에서 하드웨어 독립성을 지원하기 위한 계층이다.

◇ 플랫폼의 하드에서 독립성을 유시한다는 것은 추상화했다는 것이며, 플랫폼의 상위 계층들은 HAL API만을 호출해서 하드웨어 자원에 접근하게 된다. 이를 통해 단말기의 네이티브 시스템에 대한 추상화가 이뤄지고 하드웨어 독립적으로 플랫폼을 구성할 수 있다. HAL의 목적은 O/S에 대한 이식성 향상에 있으며, 각 단말기 시스템에 근거해 HAL API만 구현하면 플랫폼 내부의 프로그램 코드를 변경하지 않고도 플랫폼 전체의 이식이 가능하다.

◇ 개발자는 세부적인 시스템과 상관없이 프로그래밍을 쉽게 할 수 있다.

Jlet API

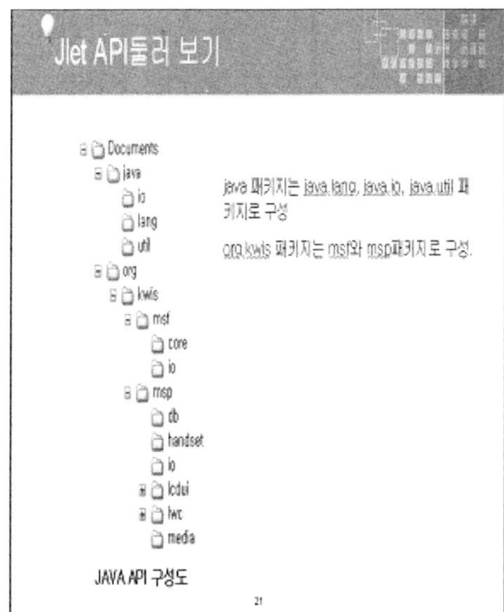

- JAVA API 패키지

◇ java 패키지

▶ java.io

▶ java.lang

▶ java.util

◇ Msf패키지

▶ org.kwisf.msf.core

▶ org.kwisf.msf.io

◇ Msp패키지

▶ org.kwisf.msp.db

▶ org.kwisf.msp.handset

▶ org.kwisf.msp.io

▶ org.kwisf.msp.lcdui

▶ org.kwisf.msp.lwc

▶ org.kwisf.msp.media

■ msf와 msp패키지

◇ MSF -Mobile Standard Foundation

- Mobile용 디바이스를 위한 기반이 되는 API.

- 입출력 기능, 네트워크, 보안, 국제화 등을 지원.

◇ MSP-Mobile Standard Profile

- 무바인용 디비이스를 위한 쓰로파일

■ Jlet과 Midlet

◇ WIPI 2.0

▶ MSF/MSP와 CLDC/MIDP API 중에는 같은 기능을 하는 것들이 중복.

▶ 구현된 플랫폼에 따라 혼용 시 문제가 될 수 있음.

▶ 플랫폼은 호환성이 보장되어야 함.

◇ 첫째, 동일한 패키지 이름을 가지는 플랫폼은 동일한 기능을 제공해야 함.

◇ 둘째, 같은 기능을 가지지만 구현된 내용이 달라 독립적
으로 사용되어야 하는 부분이 있는 경우 플랫폼은 동일
패키지 그룹에 속하는 MSF/MSP와 CLDC/MIDP 패키지(하
위 패키지 포함)들을 혼용하지 않고 각기 독립적으로 사용
한 경우에 호환성을 보장해야 함.

◇ 셋째, 기능이 어느 한 프로파일에만 존재하여 타 프로파
일의 기능을 불러 사용할 수 있는 경우에는 서로 대응하
는 패키지가 없으므로 플랫폼은 상호 보완하여 사용할
수 있도록 호환성을 보장해야 함.

기초 용어 정리

■ 모바일 플랫폼
◇ 모바일 표준 플랫폼 규격에 따라 작성된 응용 프로그램
을 실행시킬 수 있는 단말기의 실행 환경을 모바일 플랫
폼이라 하며, 이 플랫폼은 응용 프로그램 관리와 API 관
리 기능을 포함해야 한다.

■ Clet
◇ 모바일 표준 플랫폼 규격에 따라 작성된 C 언어 응용 프
로그램이다. 이 응용 프로그램은 응용 프로그램 생명주
기를 따라야 한다.

- ■ Jlet
  - ◇ 모바일 표준 플랫폼 규격에 따라 작성된 자바언어 응용 프로그램이다. 이 응용 프로그램은 MSP(Mobile Standard Profile) 의 응용 프로그램 생명주기를 따라야 한다.

- ■ 단말기 기본 소프트웨어
  - ◇ 플랫폼이 탑재되는 기반 소프트웨어이다. HAL은 하단의 단말기 기본 소프트웨어와 플랫폼을 연결해주는 역할을 한다.

- ■ 태스크
  - ◇ 단말기 기본 소프트웨어 상에서 정의되는 독립적인 수행 단위이다. 각 태스크는 별도의 프로그램 스택을 가지고 독립적으로 실행 된다.

- ■ 다중 응용 프로그램 수행
  - ◇ Clet, Jlet들이 모바일 표준 플랫폼 위에서 서로 독립된 메모리 공간을 가지고 동시에 수행되는 것을 말한다.

위피 개발 환경 구축

JDK 설치 및 환경설정

1) java.sun.com/j2se/1.4.2/download.html에 접속한 뒤
그림이 가리키는 곳을 클릭한다.

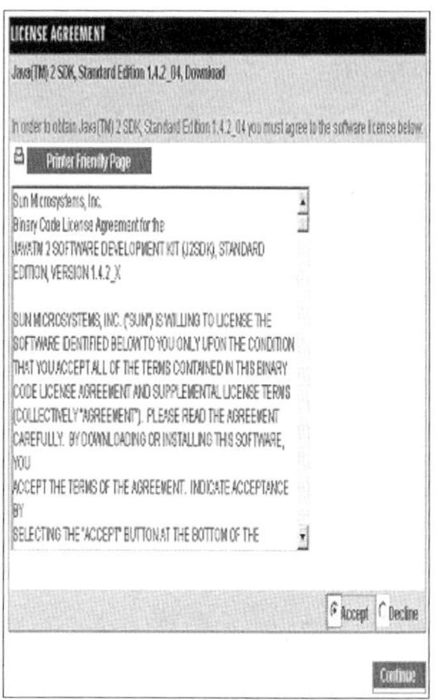

2) 다음 페이지에서 [Accept]를 선택한 뒤에 [Continue]를 클릭한다.

3) 빨간 박스로 체크되어 있는 곳을 클릭하여 바탕화면에 다운로드 받는다.

18

4) 파일을 다운로드 받은 뒤 j2sdk-1_4_2_04-windows- i586-
p.exe 파일을 더블클릭해서 실행시킨다. 그 다음, 디렉토
리가 생긴 것을 확인한다.

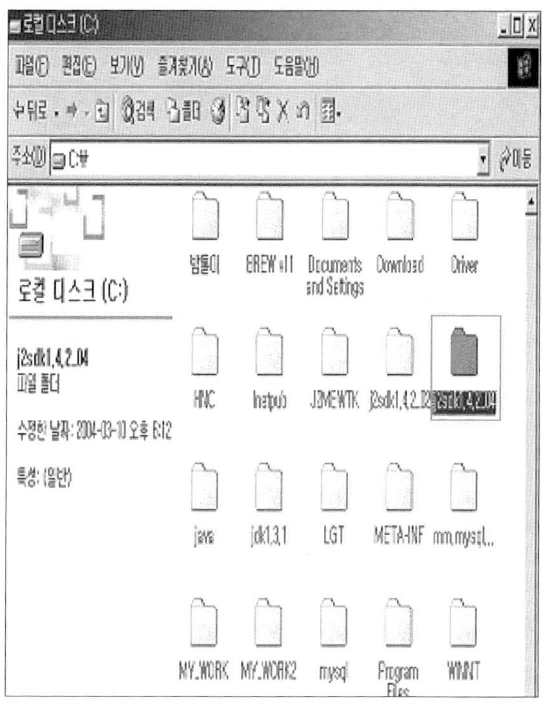

5) 확인한 뒤 바탕화면에서 내 컴퓨터 아이콘을 선택하고 오
른쪽 마우스 버튼을 클릭한다.

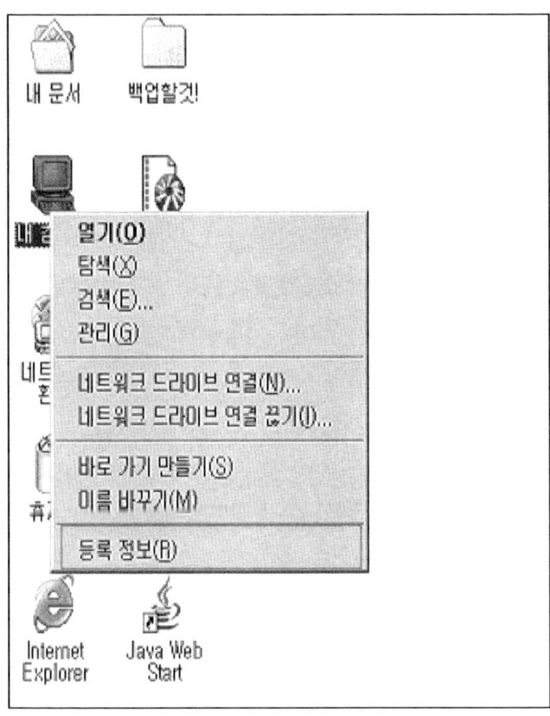

6) [등록정보]를 클릭한 뒤 고급탭을 선택하여 [환경변수]를
   클릭한다.

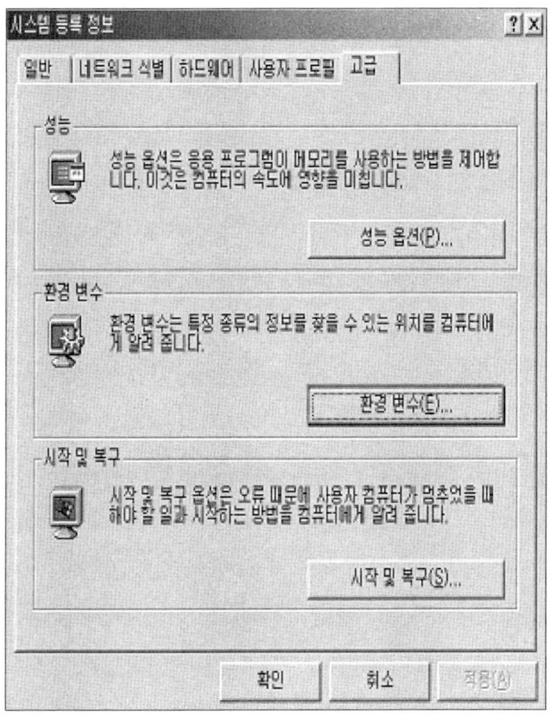

7) 시스템 변수 박스에서 path를 선택하고 [편집]을 클릭해서
sdk 실행 파일 경로 ;(C:\j2sdk1.4.2_04\bin);를 설정한다.

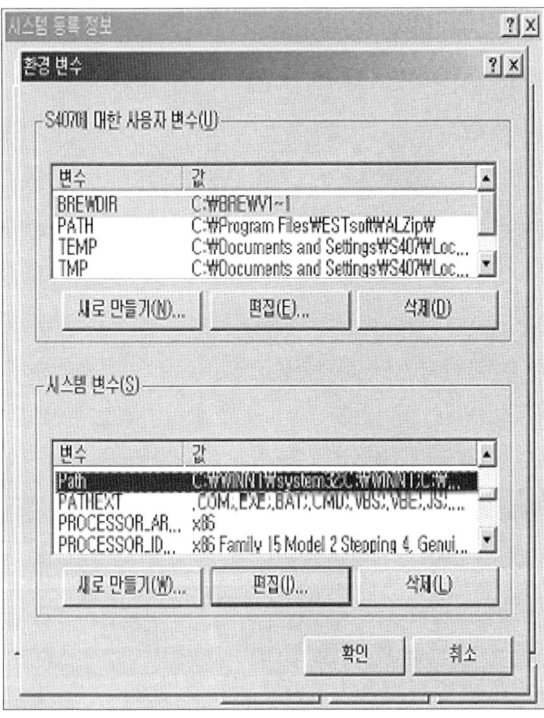

※ 세미콜론(;)을 사이에 붙인다. 기존에 path로 지정돼 있
는 것들과 구분을 하기 위해…….

컴파일 방법

이후 코딩한 자바프로그램(파일명.java)을 도스 환경에서 컴파일시킨다.

　시작메뉴/프로그램/보조프로그램/명령프롬프트

■ 컴파일 방법

javac 자바프로그램파일명.java

■ 실행방법

◇ 애플리케이션

java 자바클래스파일명

◇ 애플릿

위피 에뮬레이터 설치하기 (환경설정)

1) 먼저 아로마 위피 홈페이지 또는 커뮤니티 홈페이지 또는 커뮤니티를 통해 AROMA-WIPI를 다운로드 받는다.

(예:www.mobilejava.co.kr, http://blog.naver.com/nabilera1?Redirect =Log&logNo=100020648124)

2) 다운로드 받은 AROMA-WIPI를 더블클릭하여 설치를 진행한다.

3) 사용할 언어를 선택한다.

4) 설치 시작 화면이 나오면 [다음]을 클릭한다.

5) 사용권 계약 화면이 나오면은 '위 사항에 동의합니다' 에
   체크표시를 하고 [다음]을 클릭한다.

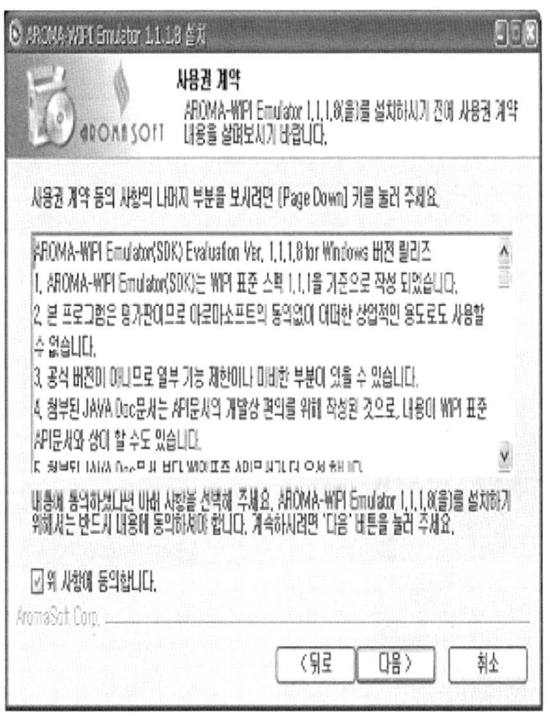

6) 구성 요소 선택 화면에 CAppDemo, Documents, JavaApp
   Demo가 기본으로 체크되어 있을 것이다. 모두 체크되어
   있는 상태에서 [다음]을 클릭한다.

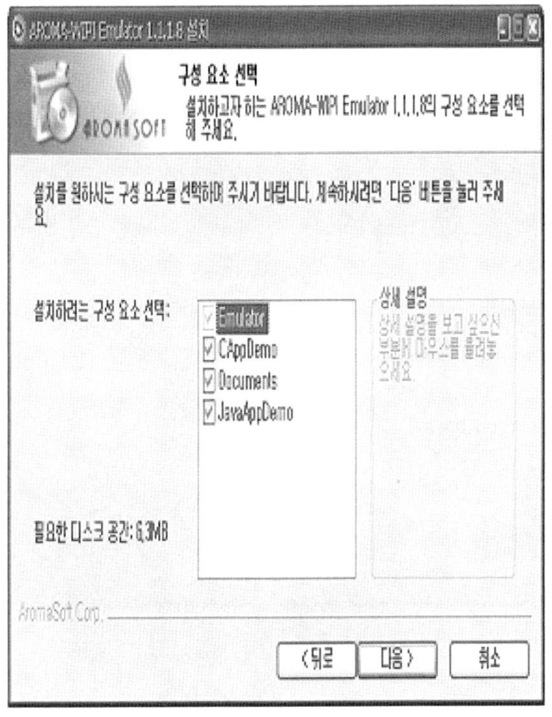

7) 설치 위치를 지정해서 [설치]버튼을 누른다.

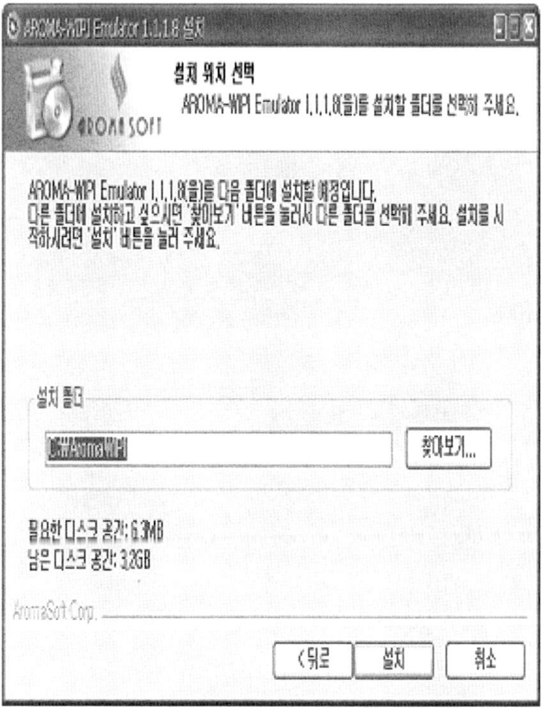

8) 다음과 같이 설치가 진행 된다.

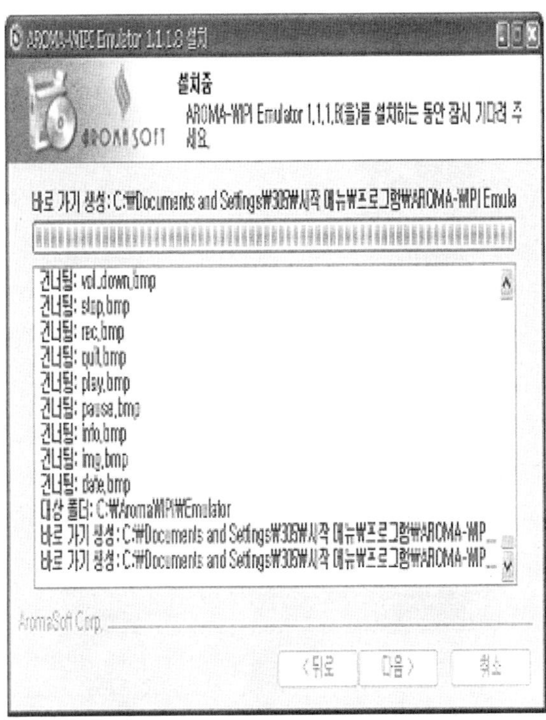

9) 설치가 완료되면 [마침]을 클릭한다.

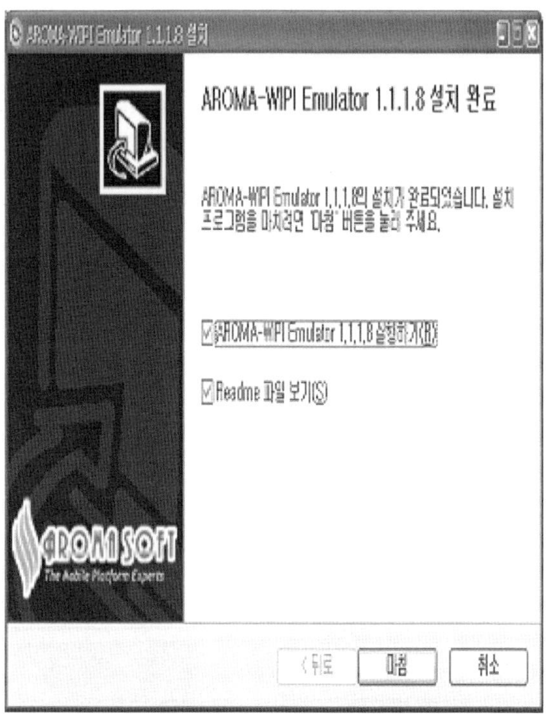

10) 앞의 그림처럼 'AROMA-WIPI Emulator 1.1.1.8실행하기' 가 선택된 상태에서 [마침]을 누르면 다음과 같은 화면이 나온다.

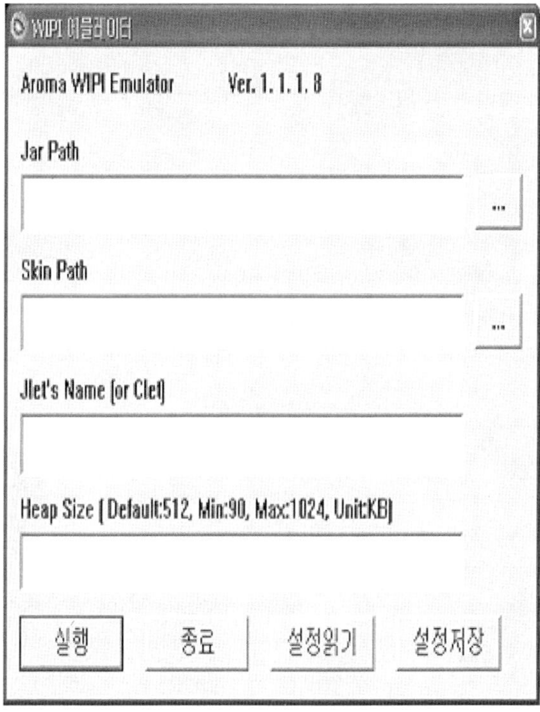

많이 사용되는 에디터에는 에디트 플러스(EditPlus), 울트라 에디터, 이클립스(Eclipse) 등이 있다.

여기에서는 에디트 플러스를 이용하여 환경 설정을 할 것이다.

1) 에디트 플러스에서 [도구]-[사용자 도구 구성] 메뉴를 선택한다.

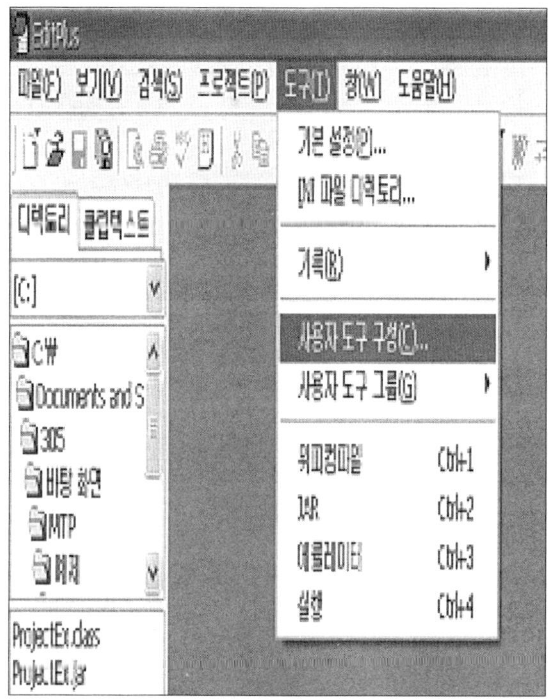

2) 기본 설정 창이 나오면 [그룹 이름]을 클릭하고 새 이름을
설정한다. 사용자 스스로 이름을 정해주면 된다. 여기서
는 '위피(WIPI)' 로 지정했다.

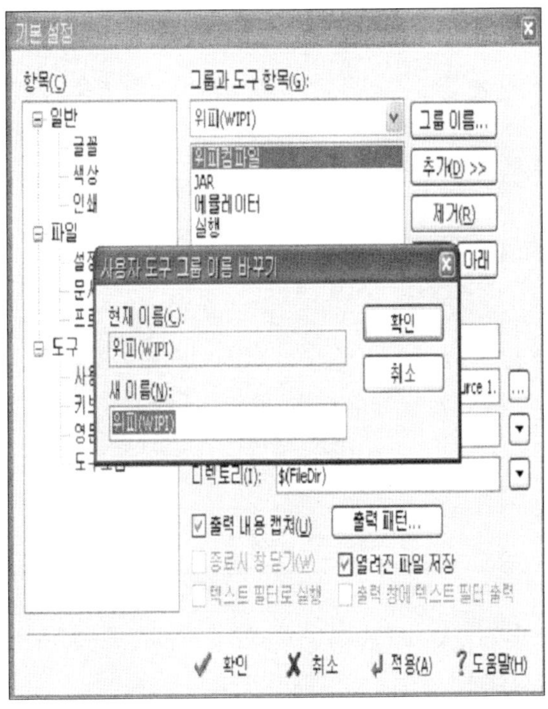

3) 컴파일 환경을 설정한다.

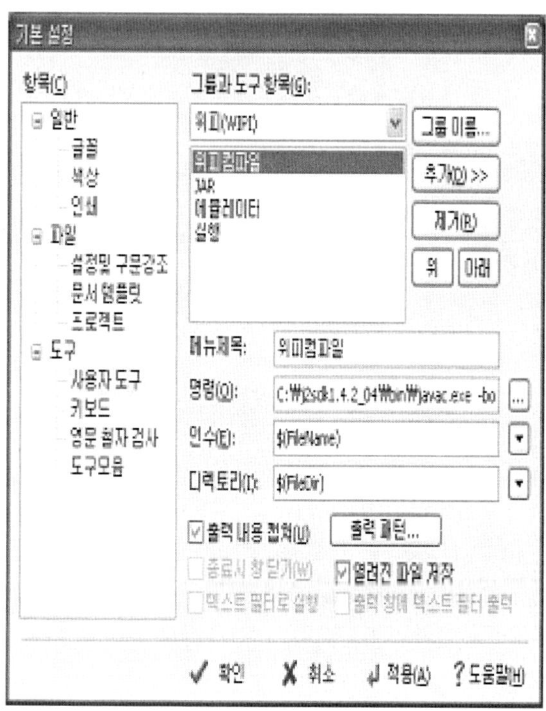

   [추가] 버튼을 클릭하고 프로그램을 선택한 후에 [메뉴제목]
을 설정한다.(여기서는 '위피컴파일' 이라고 정했다.)
   [명령]C:\j2sdk1.4.2_04\bin\javac.exe -bootclasspath
C:\AromaWIPI\ JavaAppDemo\lib\classes.zip
   [인수]$(FileName)
   [디렉토리]$(FileDir)

4) JAR 파일 생성을 위한 환경을 설정한다.

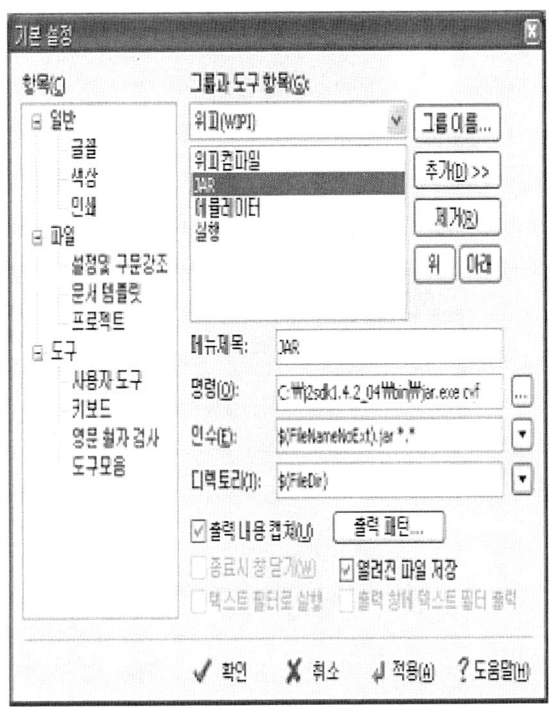

[추가] 버튼을 클릭하고 프로그램을 선택하고 [메뉴제목]을
설정한다.(여기서는 'JAR' 라고 정했다.)

[명령]C:\j2sdk1.4.2_04\bin\jar.exe cvf

[인수]$(FileNameNoExt).jar *.*

[디렉토리]$(FileDir)

5) 에뮬레이터 실행을 위한 환경을 설정한다.

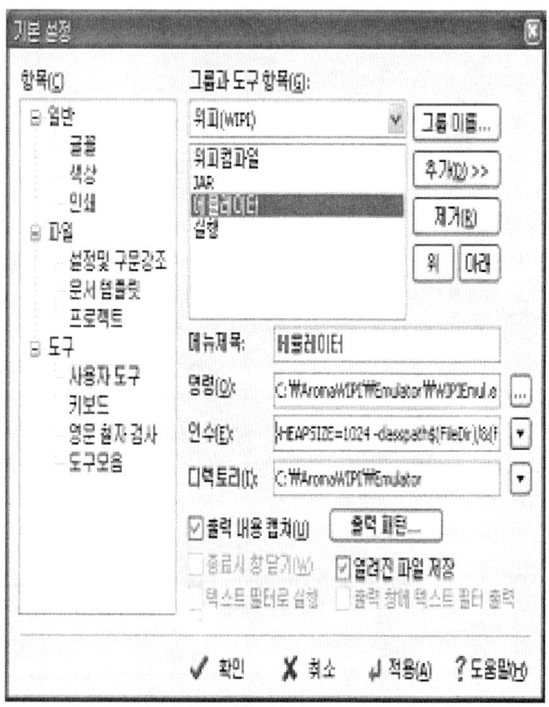

　　[추가] 버튼을 클릭하고 프로그램을 선택한 뒤에 [메뉴제목]을 설정한다.(여기서는 '에뮬레이터' 라고 정했다.)

　　[명령] C:\AromaWIPI\Emulator\WIPIEmul.exe

　　[인수]-HEAPSIZE=1024 -classpath$(FileDir)\$(FileNameNoExt).jar org.kwis.msp.lcdui.Main$(FileNameNoExt)

　　[디렉토리] C:\AromaWIPI\Emulator

Jlet 프로그래밍

Jlet 응용 프로그램

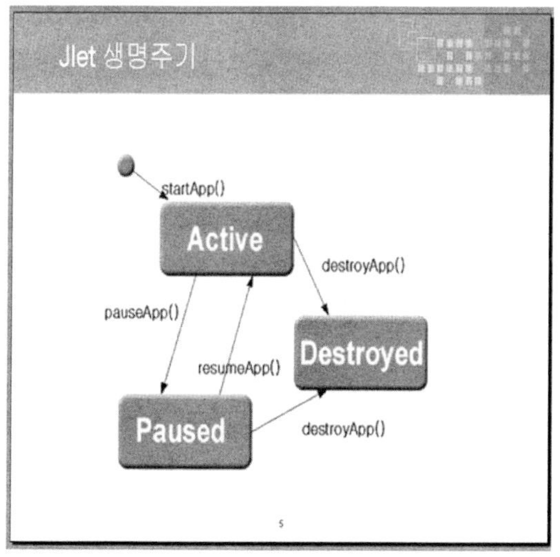

■ Jlet 클래스 계층도

java.lang.Object

|

+--org.kwis.msp.lcdui.Jlet

public abstract class Jlet extends Object

■ Jlet 클래스

◇ Jlet은 모바일 플랫폼 규격에 따른 Java 응용 프로그램
이다.

◇ 위피를 이용하는 모든 응용 프로그램은 Jlet을 상속받아
서 작성하여야 한다.

◇ 위피에서의 자원들은 모두 Jlet 단위로 응용 프로그램의
자원이 관리하다

◇ 위피에서 생성한 Thread와 Card들은 Jlet이 종료될 때 시
스템에서 사라진다.

◇ Jlet은 세 가지 상태를 가진다.

◇ Jlet을 생성시키면 자동적으로 active 상태가 되고, JAM
에서 프로그램을 일시 정지하거나 사용자가 일시 정지시
킬 경우에는 pause 상태가 된다. 이 상태에서 JAM이나
사용자에 의해서 다시 active 상태로 돌아올 수 있다.

◇ 어떠한 상태이든지 Jlet은 destroyed 상태로 바뀔 수 있으
며, 이때 Jlet은 프로그램을 종료해야 한다,

◇ 프로그램은 바뀌는 상태에서 다음과 같이 각각 pause
App()와 resumeApp(), startApp(), destroyApp() 함수
가 불린다.

■ Jlet 클래스 주요 메소드

◇ protected abstract void startApp(String[ ]?args)

▶ 프로그램이 시작할 때 호출된다.

▶ 초기에 Jlet이 생성되고 나서 단 한 번만 호출된다.

▶ Jlet에게 넘겨지는 인수가 args로 넘어오며 이때 args[0]
은 Jlet 이름이 되고, args[1]부터 사용자가 넘겨주는 인
수가 된다.

■ Jlet 클래스 주요 메소드

◇ protected void pauseApp()

▶ 시스템에서 응용 프로그램에 일시 정지를 요청할 때 이
메소드를 호출한다.

▶ 정지하는 경우에 사용하고 있던 시스템 자원을 되돌려
줄 수 있도록 구현해야 한다.

◇ protected void resumeApp()

▶ 시스템에서 응용 프로그램에 수행 재개를 요청할 때 이
메소드를 호출한다.

▶ pauseApp 메소드로 정지한 Jlet를 재구동시키며, 이 메
소드 내에 pauseApp에서 돌려준 시스템 자원들을 다시

할당 받도록 구현해야 한다.

◇ protected abstract void destroyApp(boolean unconditional)

▶ 프로그램이 종료되었음을 알려주는 메소드다.

▶ 프로그램이 어떤 상태이든지 이 메소드가 호출되면 프로그램이 종료한다.

▶ 만일 인자 값에 true를 주면 프로그램은 무조건 종료해야 한다.

▶ false를 주면 프로그램은 상황에 따라서 예외를 던짐으로써 프로그램이 종료되는 것을 막을 수 있다.

▶ 이 메소드가 호출되면 프로그램이 할당한 모든 자원을 시스템에게 돌려주고, 중요한 자료를 저장해야 한다.

■ Jlet 응용 프로그램의 기본 Body 미리보기

```java
import org.kwis.msp.lcdui.*;

public class ClassName extends Jlet
{
//프로그램이 시작될 때 호출
    public void startApp(String[] args) { }
    public void pauseApp() { }
    public void resumeApp() { }
//프로그램이 종료될 때 호출
    public void destroyApp(boolean b) { }
}
```

*특히 startApp()와 destroyApp(boolean b)는 추상 메소드
로서 반드시 구현해야 한다.

Display 클래스

- 화면의 출력 관련 함수와 정보를 가지는 클래스.
- Display를 구현한 뒤에 Card를 생성.
- pushCard 함수를 호출하여 Display에 Card를 등록.
- 이후에 Card의 paint 함수에서 그려지는 내용이 화면에 출력됨.
- 한 화면(LCD)은 한 Display에 연결.
- 응용 프로그램은 Display를 여러 개 가질 수 있음.
- 듀얼 LCD가 있는 모델을 지원하기 위함.
- Display 얻어오는 getDisplay(java.lang.String) 함수를 사용.
- 한 화면은 여러 개의 Card로 구성.
- Card는 맨 아래 Card부터 시작해서 하나씩 그려지며, 맨 마지막에는 스택 맨 상위에 있는 Card가 그려짐.

■ Display 클래스 주요 메소드
◇ public static Display getDefaultDisplay( )
  ▶ 기본 화면에 대응하는 Display를 얻어온다.
◇ public final void pushCard(Card c)

▶ 카드를 화면에 보일 수 있도록 한다.

◇ public final Card popCard()

▶ 카드를 화면에서 제거하고, 그 카드를 가져온다. 만일 아무런 Card도 없다면 null을 돌려준다. 카드는 현재 수행하고 있는 Jlet에서 생성한 카드만을 꺼내온다.

◇ public final boolean removeCard(Card c)

▶ 특정 카드를 제거한다.

▶ popCard와는 카드를 지정하는 것 외에 다른 점은 없다. 만일 c가 null이라면 false를 돌려준다.

◇ public final void callSerially(Runnable r)

▶ 이벤트가 다 처리되고 난 뒤에 특정 Runnable의 메소드 run을 호출하도록 한다.

◇ public final int getWidth()

▶ 화면의 폭을 돌려준다. 픽셀 단위.

◇ public final int getHeight()

▶ 화면의 높이를 돌려준다. 픽셀 단위.

◇ public static int getGameAction(int key)

▶ 지정한 키코드에 대응하는 게임키를 구한다.

▶ 시스템 키코드를 넘긴다.

Card 클래스

- 화면에 출력될 수 있는 하나의 단위 클래스.

- 이 클래스는 화면에 출력할 수 있는 단위가 되며 한 화면은 여러 카드가 쌓인 스택으로 구성.
- 스택에 싸인 여러 카드는 한 화면(Display)에 보여짐.
- 한 카드는 여러 화면에 넣을 수 없음.
- 카드는 화면상에서의 위치와 크기를 가지고 있음.
- move나 resize 함수를 이용하여 그 위치나 크기를 변경할 수 있음.
- repaint라는 함수를 사용하게 되면, 카드의 일부분에 대해서 다시 이벤트 처리 쓰레드에 의해서 paint 함수가 불려서 화면에 내용이 나타나도록 되어 있음.
- 카드는 사용자 입력을 받을 수 있음.
- keyNotify, pointerNotify 등 사용자에 의해서 사용자에 의해 불리는 메소드가 있으며, 모든 이벤트는 일단 스택 상위의 Card로 전달됨.
- 전달된 이벤트가 그 카드에서 처리된다면 위의 불리는 메소드는 true를 돌려주며, 하위 Card는 이벤트를 받지 못함.
- 그와 반대로 false를 돌려주면 하위 카드에 이벤트를 전달하며 같은 식으로 이벤트를 받은 하위 카드는 true, false를 돌려줌.
- 이 과정은 맨 하위 Card까지 반복됨.

■ Card 클래스 주요 생성자

◇ public Card()

▸ 기본적으로 화면 크기의 카드를 생성한다.

▸ 이때 Display.getDefaultDisplay 메소드가 돌려주는 Display의 크기로 잡힌다.

◇ public Card(boolean bTrans)

▸ 화면 크기의 카드를 생성한다. bTrans에 따라서 투명 여부가 결정된다.

◇ public Card(Display d)

▸ 화면 크기의 카드를 생성한다.

◇ public Card(int x, int y, int w,int h)

▸ 지정한 크기와 위치로 카드를 생성한다.

◇ public Card(Display d, int x, int y, int w, int h)

▸ 지정한 display를 위해 지정한 크기와 위치에 맞게 카드를 생성한다.

◇ public Card(Display d, int x, int y, int w, int h, boolean bTrans)

▸ 지정한 display를 위해 지정한 크기와 위치에 맞게 카드를 생성한다.

◇ 매개변수

▸ d (카드를 생성할 display)

▸ x (Card의 display상에서의 x축 좌표)

▸ y (Card의 display상에서의 y축 좌표)

▸ w (Card의 폭)

■ Card 클래스 주요 메소드

◇ protected abstract void paint(Graphics g)

▶ Card의 내용을 그려준다.

▶ 응용 프로그램은 이 메소드를 꼭 구현해야 한다.

◇ public void repaint(int x,int y, int w, int h)

▶ 지정한 영역을 다시 그려준다.

◇ public void repaint()

▶ Card 전체 영역을 다시 그려준다.

◇ public void serviceRepaints()

▶ repaint 영역을 다시 그린 뒤 화면에 출력한다.

◇ public boolean isShown()

▶ Card가 화면에 보이는지 안 보이는지 여부를 돌려준다.

Hello WIPI 예제

■ CardTest.java

```
import org.kwis.msp.lcdui.*;
//Card 클래스를 이용하여 화면에 문자열을 보여 준다.
public class CardTest extends Card
{
        public void paint(Graphics a)
        {
        //문자열의 시작점(10,10)과 위치(a.TOP|a.LEFT)
        를 설정하여 화면에 보여 준다.
                a.drawString( "Hello~ WIPI" ,10,10,a.
TOP|a.LEFT);
        }
    }
```

■ HelloWipi.java

```java
import org.kwis.msp.lcdui.*;
public class HelloWipi extends Jlet
{
        //프로그램이 시작될 때 호출한다.
        public void startApp(String[] args)
        {
                //기본 Display를 생성한다.
                Display test=Display.getDefaultDisplay();
                //Card 객체를 생성한다.
                CardTest card=new CardTest();
                //Card 객체를 pushCard를 하면 paint 메
                소드를 한번 호출한다.
                test.pushCard(card);
        }
        public void pauseApp() { } //정의하지 않을 경우 생
        략이 가능하다.
        public void resumeApp() { } //정의하지 않을 경우
        생략이 가능하다.


        //프로그램이 종료될 때 호출한다.
        public void destroyApp(boolean b) { }
}
```

컴포넌트

위피(WIPI) 컴포넌트

- Component 클래스

- ContainerComponent

- shellComponent/formComponent

- LabelComponent

- ListComponent, ListItemComponent

- ButtonComponent

- DialogComponent

- checkboxComponent

- AnnunciatorComponent

- TextComponent

lwc 다이어그램

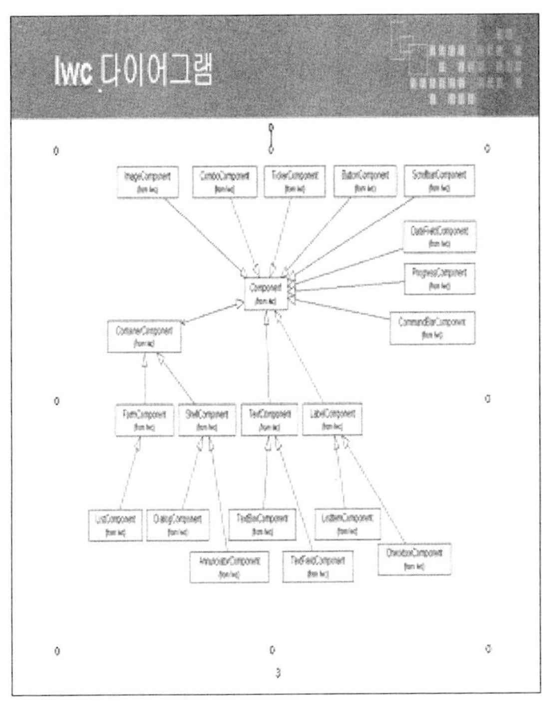

Component

■ Component 클래스 계층도

java.lang.Object

  |

 +--org.kwis.msp.lwc.Component

Direct Known Subclasses:

ButtonComponent,   ComboComponent,
CommandBarComponent,

ContainerComponent,   DateFieldComponent,
ImageComponent,

LabelComponent,   ProgressComponent,
ScrollbarComponent,

TextComponent, TickerComponent

public abstract class Component extends Object

■ Component 클래스

◇ 가장 기본이 되는 화면에 보여지는 클래스.

◇ 위치와 크기를 가지며, 사용자의 입력을 받아서 적절한
행동을 하는 클래스.

◇ 화면에 보여지는 모든 UI 컴포넌트는 이 클래스를 상속

받아서 구현되어야 한다.

◇ Component 클래스를 상속 받은 자식 클래스들은 상위 부모 컴포넌트 상에서의 위치와 폭과 넓이를 가지며, 배경색과 컴포넌트의 특성을 가진다.

◇ Component클래스는 항상 상위 부모 컴포넌트가 있어야 한다.

◇ 상위 부모 컴포넌트가 없어도 되는 Component는 Shell Component이다.

◇ 화면에 적어도 하나의 ShellComponent가 있어야 컴포넌트가 화면에 보이게 된다.

◇ 컴포넌트는 addComponent한 뒤에 다른 부모 컴포넌트에 더 이상 addComponent할 수 없다.

■ Component 클래스의 주요 필드

◇ public static final int LAYOUT_LEFT

▶ Component의 좌측 정렬값

◇ public static final int LAYOUT_RIGHT

▶ Component의 우측 정렬값

◇ public static final int LAYOUT_HCENTER

▶ Component의 가운데 수평 정렬값

◇ public static final int LAYOUT_TOP

▶ Component의 위쪽 정렬값

◇ public static final int LAYOUT_BOTTOM

▶ Component의 아래쪽 정렬값

◇ public static final int LAYOUT_VCENTER

▶ Component의 가운데 수직 정렬값

■ Component 클래스의 주요 메소드

◇ protected boolean keyNotify(int type, int chr)

▶ 키 입력을 받으면 호출된다.

◇ protected void showNotify(boolean bShow)

▶ 화면의 내용이 보이면 호출된다.

◇ public void repaint()

▶ 컴포넌트 전체를 갱신한다.

◇ public boolean isShown()

▶ 현재 컴포넌트가 보이는지 여부를 돌려준다.

◇ public Card getCard()

▶ 현재 컴포넌트에 연결된 카드를 돌려준다.

◇ public void setEventListener(EventListener listener, Object obj)

▶ 이벤트 Listener를 등록한다.

ContainerComponent

■ ContainerComponent 클래스 계층도

java.lang.Object

|

+--org.kwis.msp.lwc.Component

|

+--org.kwis.msp.lwc.ContainerComponent

Direct Known Subclasses:

FormComponent, ShellComponent

public abstract class ContainerComponent extends
Component

- ContainerComponent
  ◇ 다른 컴포넌트의 상위 부모 컴포넌트가 될 수 있는 컴포
    넌트.
  ◇ 자식 컴포넌트의 위치와 크기를 결정 및 포커스 관리.
  ◇ addComponent 함수로 자식 컴포넌트로 등록.
  ◇ removeComponent 함수로 삭제.

- ContainerComponent 클래스의 주요 메소드
  ◇ public void addComponent(int index, Component cmp)
    ▶ 지정한 위치에 cmp가 가리키는 자식 컴포넌트를 하나
      추가한다.
  ◇ public int addComponent(Component cmp)

▶ 자식 컴포넌트를 하나 추가한다.

◇ public void removeComponent(Component cmp)

▶ 지정된 컴포넌트를 삭제한다.

◇ public void removeAllComponents()

▶ 모든 컴포넌트를 삭제한다.

ShellComponent

- public class ShellComponent extends Container Component
- Card와 연결을 해주며, 제목과 명령 입력 컴포넌트와 작업 컴포넌트를 가진다.
- UI 컴포넌트를 화면에 보여주기 위해서 맨 상단에는 이 컴포넌트를 사용해야 한다.
- ShellComponent는 AddComponent를 통해서 하나의 작업 컴포넌트만을 가질 수 있다.
- 단 하나의 자식 컴포넌트를 갖는 ShellComponent의 예.

```
ShellComponent s_test=new ShellComponent();
s_test.addComponent(new ButtonComponent("딱! 하나",null));
s_test.addComponent(new ButtonComponent("Error!!!", null));
```

// IllegalArgumentException

ShellComponent의 addComponent를 두 번 이상 호출하면 Illegal ArgumentException이 발생한다.

- ShellComponent 클래스의 주요 생성자
◇ public ShellComponent()
  ▶ 화면 크기로 ShellComponent를 생성한다.
◇ public ShellComponent(int x, int y, int w, int h)
  ▶ 지정한 크기로 ShellComponent를 생성한다.
◇ public ShellComponent(int x, int y, int w, int h, boolean bTrans)
  ▶ 지정한 크기로 생성되며 bTrans의 여부에 따라서 투명한 Shell이 될 수도 있다.
◇ 매개변수
  ▶ x (컴포넌트의 화면상에서의 x축 좌표)
  ▶ y (컴포넌트의 화면상에서의 y축 좌표)
  ▶ w (컴포넌트의 화면상에서의 폭)
  ▶ h (컴포넌트의 화면상에서의 높이)
  ▶ b Trans (컴포넌트의 투명 여부)

- ShellComponent 클래스의 주요 메소드
◇ public void layout()
  ▶ 하위 컴포넌트의 크기와 위치를 결정한다.

◇ public void repaint(int x, int y, int w, int h)

▶ 화면의 내용을 새롭게 바꿀 필요가 있을 때 부른다.

◇ public void show()

▶ 컴포넌트를 화면상에 보여 준다.

◇ public void hide()

▶ 컴포넌트를 감춘다.

◇ public boolean isShown()

▶ 현재 컴포넌트가 보이는지 안 보이는지 여부를 알려 준다.

◇ public void configure(int x, int y, int w, int h, int mask)

▶ 컴포넌트의 위치나 크기를 변경한다.

◇ public int getX()

▶ x축의 좌표를 돌려준다.

◇ public int getY()

▶ y축의 좌표를 돌려준다.

◇ public void showNotify(boolean b)

▶ 화면의 내용이 보이면 호출된다.

◇ public void serviceRepaints()

▶ 변화한 내용을 즉시 화면에 출력해 준다.

◇ public void addComponent(int index, Component cmp)

▶ 지정한 위치에 cmp가 가리키는 컴포넌트를 추가한다.

◇ public int addComponent(Component cmp)

◇ 자식 컴포넌트를 하나 추가한다.

◇ protected boolean processEvent(int type, int subtype, int param1, int param2)

◇ 이벤트를 처리한다.

◇ public void setTitle(Component cmp)

◇ 타이틀을 지정한다.

◇ public Component getWorkComponent()

◇ 지정한 컴포넌트를 돌려준다.

◇ public void setWorkComponent(Component cmp)

◇ 컴포넌트를 설정한다

◇ public void removeComponent(Component cmp)

◇ 지정한 컴포넌트를 삭제한다.

◇ public void setCommand(Component cmp, boolean bGrab)

◇ 커맨드를 지정한다.

◇ public void setTitle(String str)

◇ 타이틀 문자열을 지정한다.

◇ public Card getCard()

◇ 현재 컴포넌트에 연결된 카드를 돌려준다.

◇ public void grabKey(int key)

◇ 특정 키코드를 그랩(Grab)하여 GrabKeyListener에게 보낸다.

◇ public void setGrabKeyListener(GrabKeyListener

listener, Object obj)

  ▶ GrabKeyListener를 등록한다.

 ◇ protected boolean keyNotify(int type, int chr)

  ▶ 키 입력을 받으면 호출된다.

 ◇ protected void controlInset(boolean flag)

  ▶ ContainerComponent에서 사용할 테두리 두께값을 제
   어한다.

FormComponent

- 다양한 컴포넌트를 일렬로 배열하여 화면을 구성하는 컴
  포넌트.
- FormComponent는 ContainerComponent를 확장한 자식
  컴포넌트.
- 각 컴포넌트들 배치와 스크롤 여부를 관리.
- 자식 컴포넌트들의 포커스 이동은 상하만 동작하도록 되
  어 있다.
- UP/DOWN키를 사용하여 자식 컴포넌트들의 포커스 이동
  을 할 수 있다.
- 내부의 컴포넌트가 많으면 자동적으로 scrollbar가 생성되
  도록 되어 있다.
- 하나 이상의 자식 컴포넌트를 갖는 FormComponent.

FormComponent f_test=new FormComponent();

f_test.addComponent(new ButtonComponent("하나",null));

f_test.addComponent(new ButtonComponent("둘", null));

■ FormComponent 클래스의 주요 생성자

◇ public FormComponent()

▶ 폼 컴포넌트를 생성한다.

◇ public FormComponent(boolean bVertical)

▶ 수직 또는 수평 폼 컴포넌트를 생성한다.

LabelComponent

- 문자열을 보여 주는 컴포넌트.

- 사용자에게 보여 줄 때 문자열과 이미지를 포맷팅해서 출력해 준다.

- LabelComponent는 setLayout(int)를 사용하여 정렬 형태를 지정할 수 있다. 이때 사용되는 정렬 형태는 Component에서 제공하는 정렬 조합 규칙을 참조하고 있다.

▶ LabelComponent 생성 시 기본 정렬 형태는 LAYOUT_LEFT

■ 정렬 조합 규칙

◇ 좌우정렬:

LAYOUT_LEFT

LAYOUT_RIGHT

LAYOUT_HCENTER

◇ 상하정렬:

LAYOUT_TOP

LAYOUT_BOTTOM

LAYOUT_VCENTER

■ LabelComponent 클래스의 주요 생성자

◇ public LabelComponent()

▶ LabelComponent를 생성한다.

◇ public LabelComponent(String str)

▶ 주어진 문자열로 LabelComponent를 만든다.

◇ public LabelComponent(String str, Image img)

▶ 주어진 문자열과 이미지로 LabelComponent를 만든다.

■ LabelComponent 클래스의 주요 메소드

◇ public void setLabel(String str)

▶ 내부 문자열을 주어진 문자열 값으로 지정한다.

◇ public void setImage(Image img)

▶ 내부 이미지를 주어진 이미지로 지정하다

◇ public String getLabel()

▶ 내부 문자열을 가져온다.

◇ public Image getImage()

▶ 내부 이미지를 가져온다.

◇ public void setFont(Font font)

▶ 폰트를 지정한다.

◇ public Font getFont()

▶ 폰트를 얻어온다.

◇ public void setLayout(int layout)

▶ 레이블의 정렬 형태를 지정한다.

ListComponent/ListItemComponent

- ListComponent는 FormComponent를 상속하여 구현된 클래스.
- 다른 ContainerComponent와는 달리 ListItemComponent 만을 추가할 수 있다.

■ ListComponent

◇ ListItemComponent는 3가지 타입이 있다.

▶ SELECT_IMPLICIT

▶ SELECT_MULTIPLE

▶ SELECT_EXCLUSIVE

■ ListComponent 클래스의 주요 메소드

◇ public int append(String str, Image img)

▶ ListComponent에 주어진 이미지와 문자열로 ListItem Component를 생성하여 추가한다.

◇ public void addComponent(int index, Component cmp)

▶ index위치에 컴포넌트를 하나 추가한다.

◇ public int addComponent(Component cmp)

▶ 맨 위에 자식 컴포넌트를 추가한다.

◇ public void setComponent(int index, Component cmp)

▶ 자식 컴포넌트를 하나 대치한다.

◇ public int insert(int index, String str, Image img)

▶ 해당 위치의 문자열과 이미지로 ListItem Component를 생성하여 추가한다.

◇ public void set(int index, String str, Image img)

▶ 해당 위치의 문자열과 이미지로 ListItem Component를 생성하여 새로 지정한다.

◇ public String getString(int index)

▶ 주어진 위치에 있는 ListItemComponent의 문자열을 얻어온다.

◇ public Image getImage(int index)

▶ 주어진 위치에 있는 ListItemComponent의 이미지를 얻어온다.

◇ public boolean isSelected(int index)

▶ 주어진 인덱스의 항목이 현재 선택되어 있는지 여부를
알려 준다.

◇ public int[] getSelectedIndexs()

▶ ListComponent의 항목들 중 현재 선택되어 있는 항목
들의 인덱스를 얻어온다.

◇ public int getSelectedIndex()

▶ ListComponent의 항목들 중 현재 선택되어 있는 항목
의 인덱스를 얻어온다.

◇ public void setActionListener(ActionListener l, Object
o)

▶ ListComponent에 ActionListener를 등록한다.

◇ public void setChangeListener(ChangeListener l,
Object o)

▶ ListComponent에 ChangeListener를 등록한다.

◇ protected boolean keyNotify(int type, int key)

▶ 키 입력을 받으면 호출된다.

◇ public void select(int index)

▶ 주어진 위치의 항목을 선택한다.

◇ public void select(ListItemComponent cmpp)

▶ 주어진 항목의 선택 상태를 변경한다.

◇ public void controlNumber(boolean showImage)

▶ 번호키 컨트롤 여부를 지정한다.

◇ public boolean isControlNumber()

▸ 번호키 컨트롤 상태를 반환한다.

◇ protected Component getNextTraversalComponent()

▸ 포커스를 가질 수 있는 다음 컴포넌트를 돌려준다.

◇ protected Component getPrevTraversalComponent()

▸ 포커스를 가질 수 있는 이전 컴포넌트를 돌려준다.

■ ListItemComponent

◇ ListComponent에 추가되어 사용되는 컴포넌트.

◇ LabelComponent를 상속받아 구현한 클래스.

◇ LabelComponent와 기본 기능이 비슷하다.

■ ListItemComponent 클래스의 주요 메소드

◇ public void setState(boolean bState)

▸ ListItemComponent의 선택 상태를 지정한다.

◇ public boolean getState()

▸ 현재의 선택 상태를 얻어온다.

ButtonComponent

- 버튼 컴포넌트.

- 'select' 키가 눌렸다 떼어졌을 때 자신에게 등록된 Action
  Listener를 호출한다.

- 버튼은 문자열과 이미지로 구성된다.

- interface ActionListener

◇ public interface ActionListener

◇ public void action(Component cmp, Object obj)

  ▶ 버튼이나 리스트에서 action이 발생하면 불린다.

  ▶ 매개변수

    · cmp(action이 발생한 컴포넌트)

    · obj(setActionListener 시에 넣은 Object 인수)

  ▶ 어떤 액션이 발생하면 불리는 인터페이스이다. 버튼과 같이 사용자가 누르는 경우에 발생하는 이벤트를 처리하는 Listener이다.

- ButtonComponent 클래스의 주요 메소드

◇ public void setActionListener(ActionListener l, Object obj)

  ▶ ActionListener를 등록한다.

◇ public void setFont(Font ft)

  ▶ 버튼의 폰트를 설정한다.

◇ public Font getFont()

  ▶ 폰트를 돌려준다.

◇ public boolean keyNotify(int type, int ch)

  ▶ 키 입력을 받으면 호출된다.

◇ public void setString(String str)

  ▶ 버튼의 문자열을 지정한다.

◇ public String getString()

▶ 현재 버튼의 문자열을 돌려준다.

◇ public Image getImage()

▶ 현재 버튼의 이미지를 돌려준다.

◇ public void setImage(Image img)

▶ 버튼의 이미지를 지정한다.

◇ protected void layout()

▶ 하위 컴포넌트의 크기와 위치를 결정한다.

DialogComponent


```
java.lang.Object
  |
  +--org.kwis.msp.lwc.Component
      |
      +--org.kwis.msp.lwc.ContainerComponent
          |
          +--org.kwis.msp.lwc.ShellComponent
              |
              +--org.kwis.msp.lwc.DialogComponent
```

public class DialogComponent extends ShellComponent

- 다양한 형태의 다이알로그박스를 지원하기 위해서 만든 컴포넌트.
- 타이틀 영역과 데이터 영역, 버튼 영역으로 구성.

■ DialogComponent의 예

■ DialogComponent

◇ DialogComponent에서는 기본적으로 3가지 타입을 지원.

▶ TYPE_OK 타입

▶ TYPE_OK_CANCEL 타입

▶ TYPE_NONE 타입

TYPE_NONE의 경우 디폴트로 3초.

이 값을 setTimeout(int) 메소드를 통해 지정할 수 있다.

■ DialogComponent 클래스의 주요 생성자

◇ public DialogComponent(int type)

▶ 컴포넌트와 타이틀이 없고 주어진 타입을 가지는 새로운 DialogComponent를 생성.

◇ public DialogComponent(Component cmp, String title, int type)

▶ 주어진 컴포넌트, 타이틀, 타입으로 새로운 DialogComponent를 생성.

◇ public DialogComponent(Component cmp, String ttl, int type, int x, int y, int w, int h)

▶ 주어진 값으로 새로운 DialogComponent를 생성.

◇ 매개변수

▶ cmp (대화상자의 내용을 담은 컴포넌트 또는 null)

▶ title (대화상자이 디이틀 혹은 null)

▶ type (대화상자의 형태. TYPE_NONE,TYPE_OK ,TYPE _OK_CANCEL 중에서 지정)

▶ x (대화상자의 x좌표)

▶ y (대화상자의 y좌표)

▶ w (대화상자의 넓이값)

▶ h (대화상자의 높이값)

■ DialogComponent 클래스의 주요 필드

◇ public static final int TYPE_NONE

▶ 버튼이 없는 형태의 다이얼로그 타입.

◇ public static final int TYPE_OK

▶ OK 버튼만 있는 형태의 다이얼로그 타입.

◇ public static final int TYPE_OK_CANCEL

▶ OK, CANCEL 버튼이 있는 형태의 다이얼로그 타입.

◇ public static final int DLG_TIMEOUT

▶ doModal 시 반환되는 값으로 TIMEOUT되어 종료된 것을 나타냄.

◇ public static final int DLG_OK

▶ doModal 시 반환되는 값으로 OK버튼이 선택되었음을 나타냄.

◇ public static final int DLG_CANCEL

▶ doModal시 반환되는 값으로 CANCEL버튼이 선택되었음을 나타냄.

◇ public static final int OK_BUTTON

▶ OK 버튼 타입.

◇ public static final int CANCEL_BUTTON

▶ CANCEL 버튼 타입.

◇ public static final int TIMEOUT_INFINITE

▶ timeout 값 중 무한대의 값을 나타냄.

◇ protected int actionState

▶ 현재 어떤 액션(이벤트)이 발생한 것인지를 기억하는 필드.

- DialogComponent 클래스의 주요 메소드

◇ public void setButtonString(int buttonType, String buttonStr)

  ▶ 버튼의 문자를 지정.

◇ public void setType(int type)

  ▶ DialogComponent의 타입을 지정.

◇ public void setTimeout(int timeout)

  ▶ DialogComponent를 화면에 보여 줄 타임아웃 시간을 지정.

◇ public int doModal()

  ▶ DialogComponent를 화면에 나타나게 함.

◇ public void show()

  ▶ 컴포넌트를 화면상에 보여 줌.

◇ public int getActionState()

  ▶ DialogComponent에서 발생한 마지막 액션을 얻어옴.

CheckboxComponent

- CheckboxComponent 사용 예

■ CheckboxComponent 클래스의 주요 메소드

◇ public void setState(boolean bState)

▶ CheckboxComponent의 선택 상태를 변경.

◇ public void paintContent(Graphics g)

▶ 내부를 칠함.

◇ public boolean keyNotify(int type, int key)

▶ 키 입력을 받으면 호출됨.

◇ public void setChangeListener(ChangeListener listener, Object obj)

▶ CheckboxComponent에 ChangeListener를 등록한다.

■ CheckboxGroup

◇ CheckboxGroup은 여러 개의 CheckboxComponent를 엮어 그룹으로 된 라디오 버튼처럼 움직이게 함.

◇ 같은 CheckboxGroup으로 등록된 CheckBoxComponent 들은 동시에 여러 개가 ON 상태가 될 수 없으며 동시에 는 하나의 CheckboxComponent만 ON될 수 있음.

◇ 그러므로 하나의 Checkbox가 ON 되면 다른 모든 Group 으로 묶인 Checkbox들은 OFF가 됨.

■ CheckboxGroup 클래스의 주요 메소드

◇ public void select(CheckboxComponent cb)

▶ CheckboxGroup으로 묶여 있는 CheckboxComponent 중에서 주어진 컴포넌트를 ON 상태로 함.

◇ public CheckboxComponent getSelectedCheckbox()

▶ CheckboxGroup에 등록된 Checkbox 중 현재 ON 상태인 CheckboxComponent를 구함.

◇ public void setChangeListener(ChangeListener listener, Object obj)

▶ CheckboxGroup에 ChangeListener를 등록.

AnnunciatorComponent

- public class AnnunciatorComponent extends ShellComponent
- 사용자에게 전파 세기와 배터리 사용 용량을 화면에 보여 주는 클래스.
- 이 클래스는 능동적인 성격으로 내부값이 바뀌면 화면의 내용도 바뀜.

■ AnnunciatorComponent 클래스의 주요 메소드

◇ public void addComponent(int idx, Component cmp)

▶ 자식 컴포넌트를 하나 추가.

◇ public void removeComponent(Component cmp)

▶ 지정된 컴포넌트를 삭제.

◇ public void layout()

▶ 하위 컴포넌트의 크기와 위치를 결정.

◇ public void show()

▶ 컴포넌트를 화면상에 보여 줌.

◇ protected void paint(Graphics g)

▶ 그래픽스 g를 가지고 컨테이너 컴포넌트를 그림.

TextComponent/TextBoxComponent/TextFieldComponent

java.lang.Object

```
  |
  +--org.kwis.msp.lwc.Component
       |
       +--org.kwis.msp.lwc.TextComponent
```

Direct Known Subclasses:

TextBoxComponent, TextFieldComponent

public abstract class TextComponent extends Component

■ TextComponent

◇ 텍스트 출력 및 입력 수정 삭제를 위한 추상 클래스.

◇ TextComponent에서는 입력 제한자를 제공. 이것은 사용자에게 허용 가능한 문자를 미리 알림으로써 형식에 맞게 입력할 것을 요구.

■ TextComponent 클래스의 입력 제한자

◇ CONSTRAINT_NUMBER

▶ '-', '', 숫자 입력만을 허용.

◇ CONSTRAINT_PASSWORD

▶ 암호입력을 위한 입력 형태로 내부적으로 사용되는 문자열은 숫자만을 허용.

◇ CONSTRAINT_EMAILADDRESS

▶ 이메일 주소 입력을 위한 입력 제한자.

◇ CONSTRAINT_URL

▶ URL 입력을 위한 입력 제한자.

◇ CONSTRAINT_PHONENUMBER

▶ 전화번호 입력을 위한 입력 제한자.

◇ CONSTRAINT_ANY

▶ 모든 문자열을 입력할 수 있는 입력 제한자.

■ TextBoxComponent

◇ TextBoxComponent는 TextComponent를 상속한 클래스로 정해진 넓이에 맞도록 문자를 편집할 수 있다.

◇ 이 컴포넌트의 넓이는 이 컴포넌트를 추가한 Container

Component의 넓이와 같으며, 입력한 문자 데이터에 맞도록 자동 변경됨.

◇ 기본적으로 최대 입력 가능한 문자열에 대한 제한은 하지 않으며, 필요하다면 TextComponent.setMaxLength(int maxLen)를 통해서 최대 입력 가능한 문자 수를 제한할 수 있음.

■ TextBoxComponent 클래스의 주요 메소드

◇ public void setString(String data)

▶ 문자 데이터를 지정.

◇ public void insert(char[] data, int offset, int len, int index)

▶ 현재 화면에 출력된 문자 데이터에서 인자로 주어진 문자 데이터를 index 위치에 추가.

◇ public void delete(int index, int len)

▶ 현재 화면에 보여지는 데이터의 index 위치에서부터 len 길이만큼 삭제.

◇ public int getPreferredWidth()

▶ 컴포넌트의 적절한 폭을 결정.

◇ public int getPreferredHeight(int w)

▶ 컴포넌트의 적절한 높이를 결정.

◇ public int getPreferredHeight()

▶ 컴포넌트의 적절한 높이를 결정.

◇ public void configure(int x, int y, int w, int h, int mask)

▶ 컴포넌트의 위치나 크기를 변경.

◇ public boolean keyNotify(int type, int key)

▶ 키 입력을 받으면 호출됨.

◇ public void setFont(Font f)

▶ 폰트를 지정.

◇ public void paintContent(Graphics g)

▶ 내부를 칠함.

■ TextFieldComponent

◇ TextFieldComponent는 TextComponent를 상속한 클래스로 한 라인에서 문자 편집을 한다.

◇ 이 컴포넌트의 넓이는 입력된 문자에 맞도록 자동으로 변경됨.

◇ 기본적으로 최대 입력 가능한 문자열에 대한 제한은 하지 않음.

◇ TextComponent.setMaxLength(int maxLen)를 통해서 최대 입력 가능한 문자 수를 제한할 수 있음.

■ TextFieldComponent 클래스의 주요 메소드

◇ public void insert(char[] data, int offset, int len, int index)

▶ 현재 화면에 출력된 문자 데이터에서 인자로 주어진 문

자 데이터를 index 위치에 추가.

◇ public void delete(int index, int len)

▶ 현재 화면에 보여지고 있는 문자 데이터의 index 위치
에서부터 len 길이만큼 데이터를 삭제.

◇ public int getPreferredWidth()

▶ 컴포넌트의 적절한 폭을 결정.

◇ public int getPreferredHeight()

▶ 컴포넌트의 적절한 높이를 결정.

◇ public void paintContent(Graphics g)

▶ 내부를 칠함.

◇ public boolean keyNotify(int type, int key)

▶ 키 입력을 받으면 호출.

위피 규격

모바일 표준 플랫폼 규격 2.0

(Wireless Internet Platform for Interoperability 2.0)

한국 무선 인터넷 표준화 포럼

서론

■ 규격의 목적

모바일 표준 플랫폼(이하 플랫폼 규격)은 이동 통신 단말기(이하 단말기)에 탑재되어 응용 프로그램을 수행할 수 있는 규격으로 제작된 플랫폼이다. 본 규격을 만족하는 모바일 플랫폼(이하 플랫폼)은 단말기용 응용 프로그램 개발자에게는 플랫폼 간 콘텐츠 호환성을 보장하고, 단말기 개발자에게는 플랫폼 이식을 용이하게 하며 일반 이용자에게는 다양하고 풍부한 콘텐츠 서비스 제공을 목적으로 한다.

■ 규격의 범위

여기에서 플랫폼 표준 규격에 관해 다음과 같은 내용을 다룬다.

◇ 목적, 범위, 요구사항 및 용어를 정의한다.

◇ 플랫폼의 개념적인 구조 및 모바일 환경에서 동작하는 단말기의 타 모듈과의 인터페이스를 추후 정의한다.

◇ 플랫폼 이식에 있어서 하드웨어 독립성을 지원하기 위한 추상화 계층인 HAL(Handset Adaptation Layer) 규격을 정의한다.

◇ 플랫폼의 응용 프로그래밍 인터페이스(Application Programming Interface, 이하 API) 규격을 정의한다. 본 규격은 자바언어와 C언어를 지원한다.

○플랫폼의 주요 기능 규격을 정의한다.

■ 용어정의

◇ 모바일 플랫폼

모바일 표준 플랫폼 규격에 따라 작성된 응용 프로그램을 실행 시킬 수 있는 단말기의 실행 환경을 모바일 플랫폼이라 하며, 이 플랫폼은 응용 프로그램 관리와 API 관리 기능을 포함해야 한다.

◇ Clet

모바일 표준 플랫폼 규격에 따라 작성된 C언어 응용 프로그램이다. 이 응용 프로그램은 응용 프로그램 생명주기를 따라야 한다.

◇ Jlet

모바일 표준 플랫폼 규격에 따라 작성된 자바언어 응용 프로그램이다. 이 응용 프로그램은 MSP(Mobile Standard Profile)의 응용 프로그램 생명주기를 따라야 한다.

◇ 단말기 기본 소프트웨어

플랫폼이 탑재되는 기반 소프트웨어이다. HAL은 하단의 단말기 기본 소프트웨어와 플랫폼을 연결해 주는 역할을 한다.

◇ 테스크

단말기 기본 소프트웨어 상에서 정의되는 독립적 수행 단위이다. 각 테스크는 별도의 프로그램 스택을 가지고 독립적으로 실행된다.

◇ 다중 응용 프로그램 수행

Clet 또는 Jlet이 모바일 표준 플랫폼 위에서 서로 독립된 메모리 공간을 가지고 동시에 수행되는 것을 말한다.

◇ AOTC(Ahead-Of-Time Compiler)

Java를 컴파일하여 생성되는 중간코드(byte code)를 플랫폼에서 실행 가능한 머신 코드로 변환해주는 컴파일러이다.

◇ HAL(Handset Adaptation Layer)

Handset을 추상화하기 위한 계층으로 단말기 제조사들이 구현해야 할 API 계층이다.

◇ MSF(Mobile Standard Foundation)

Mobile용 디바이스를 위한 기반이 되는 API이다. 입출력 기능, 네트워크, 보안, 국제화 등을 지원한다.

◇ MSP(Mobile Standard Profile)

MSF 기반의 Mobile Device를 위한 프로파일이다.

◇ CLDC(Connected Limited Device Configuration)

가상 머신 기반의 모바일용 디바이스를 위한 Configuration 이다. CLDC는 가상 머신과 핵심 API로 이루어져 있고, 입출력 기능, 네트워크, 보안, 국제화 등을 지원한다.

◇ MIDP(Mobile Information Device Profile)

CLDC기반의 단말기를 위한 프로파일이다.

◇ MIDlet

MIDP 규격에 따라 작성된 자바언어 응용 프로그램이다. 이 응용 프로그램은 MIDP의 응용 프로그램 생명주기를 따른다.

◇ 표현

본 문서에서 사용하는 용어의 정의는 한글로 명확히 정의한다.

- 필수 사항 : ~야 한다.(사용 예문 : ~해야 한다. / ~어야 한 다. / ~라야 한다. / ~아야 한다. / ~ 져야 한다.)

- 선택 사항 : ~할 수 있다.

- 권장 사항 : ~를 권장한다., ~를 해도 좋다.

■ 단말기 최소 권장 사양

본 규격에서 정의하는 플랫폼이 탑재되는 단말기에 대하여
다음의 사양 이상을 권장한다.

◇ 디스플레이: 스크린 크기: 96x54 이상

◇ 색상: 회색조 4가지 이상 또는 천연색 256가지 이상

◇ 입출력 장치

◇ 입력 장치: 키패드

◇ 사운드 장치: 진동 및 비프 음

◇ 네트워크: 무선 및 시리얼을 통한 전송

◇ 비휘발성(Non-Volatile) 메모리

◇ 플랫폼 라이브러리가 사용할 수 있는 비휘발성 메모리
1MB 이상

◇ 응용 프로그램 관리자 및 기본 응용 프로그램에서 사용
할 수 있는 비휘발성 메모리 400KB 이상

◇ 응용 프로그램이 사용 가능한 파일 시스템 공간 500KB
이상

◇ 휘발성(Volatile) 메모리

◇ 응용 프로그램에서 사용 가능한 HEAP 영역 300KB 이상

◇ 플랫폼 라이브러리에서 사용 가능한 영역 20KB 이상

개념적 구조

여기에서 정의하는 모바일 표준 플랫폼은 개념적으로 다음

과 같은 구조를 갖는다. 단말기 기본 소프트웨어는 통신 기본
기능과 각종 디바이스 드라이버가 포함된다.

- HAL

플랫폼 이식에 있어서 하드웨어 독립성을 지원하기 위한 계
층이다. 이를 통해 단말기에 대한 추상화가 이루어지고, 하드
웨어 독립적으로 플랫폼이 구성된다.

- 필수API

응용 프로그램 개발자가 사용하는 플랫폼에서 지원하는 필
수 API 모음이다. C 및 Java API를 제공한다.

주요 기능 규격

이 장에서는 표준 플랫폼의 주요 기능 규격을 정의한다.

- 응용 프로그램 머신 코드 규격

플랫폼은 머신 코드 형태의 응용 프로그램을 다운로드받아
수행해야 한다. 자바 응용 프로그램의 경우에는 자바 중간코
드를 AOTC로 머신 코드를 생성할 수 있다.

- 다중 응용 프로그램 수행

플랫폼은 동시에 여러 개의 응용 프로그램이 메모리에 적재

되어 수행될 수 있는 환경을 지원해야 한다. 또한 플랫폼은 여러 개의 응용 프로그램을 동시에 실행할 수 있어야 한다. 플랫폼은 여러 개의 응용 프로그램 간 실행 우선 순위를 두고, 매 순간 실행 가능한 가장 높은 우선 순위의 응용 프로그램을 실행해야 한다.

여러 응용 프로그램을 수행할 경우 각 응용 프로그램은 독립적으로 수행되어야 한다. 독립적인 응용 프로그램간 통신을 지원하기 위하여 공유 메모리와 이벤트를 전달할 수 있는 방법을 제공해야 한다.

플랫폼은 플랫폼이 지원하는 프로그래밍 언어로 작성된 응용 프로그램의 생명주기를 관리할 수 있어야 한다.

■ 지원 프로그래밍 언어

플랫폼은 응용 프로그램 개발사가 자바언어나 C 언어로 플랫폼의 필수 API를 사용하여 응용 프로그램을 작성할 수 있도록 지원해야 한다.

■ C언어 지원

플랫폼은 기본 API에 정의된 C 언어용 API와 ANSI C 언어 문맥을 지원해야 한다.

■ Java 언어 지원

플랫폼은 필수 API에 정의된 자바언어용 API와 JAVA

Programming Language 2nd edition 문맥을 지원해야 한다.

■ 플랫폼 보안

◇ 보안의 정의

플랫폼에서의 보안이란 한 응용 프로그램이 플랫폼의 자원
(API 나 저장공간, 공유 메모리 등)을 통해서 다른 엔터티(다
른 응용 프로그램 또는 응용 프로그램이 동작하고 있는 플랫
폼이나 그런 플랫폼이 탑재된 단말기, 다른 단말기 또는 다른
단말기가 연동하고 있는 네트워크/서버 시스템 등)의 동작에
영향을 끼치거나 다른 엔터키가 소유하고 있는 정보에 접근하
는 경우에 대한 정책적, 기술적 대책을 의미한다. 여기에 적힌
보안 관련 규격에 따라 응용 프로그램의 플랫폼 자원에 대한
접근을 제어해야 한다.

◇ 보안 수준

플랫폼의 보안 기법은 기본적으로 플랫폼의 보안 수준별 접
근 허용 여부와 응용 프로그램의 보안 수준에 대한 정보를 바
탕으로 수행되어야 한다. 플랫폼의 보안 수준의 종류 또는 개
수는 최소한 하나 정도 정의되어야 하며, 내용은 구현에 관한
사항이다. 단 위피 이전 버전 규격과 MIDP 2.0 규격의 호환성
을 위해서 최소한 다음 정도의 보안 수준을 지원할 것을 권장
한다.

▶ PUBLIC

플랫폼에 존재하는 보안 레벨 중 가장 신뢰할 수 없는 수준 또는 가장 제약 사항이 많은 수준을 뜻한다. PUBLIC 수준의 응용 프로그램이 실행될 때 단말기 시스템에 영향을 줄 수 있거나 개인 정보에 접근하는 등 보안 문제를 야기할 소지가 있는 플랫폼 자원에 대한 접근을 허용해서는 안 된다.

▶ CP

플랫폼이 응용 프로그램을 일정 수준 이상 또는 전폭적으로 신뢰해도 되며 PUBLIC 수준에서의 자원에 대한 제약 사항을 일부 또는 모두 해제한 수준을 의미한다.

▶ SYSTEM

System 보안 수준은 사실 CP 보안 수준의 부분집합으로 플랫폼이 응용 프로그램을 완전히 신뢰 가능한 것으로 간주하고 모든 자원에 대한 접근을 자동적으로 허용하는 것을 말한다.

◇ 보안 정책의 대상 자원

보안 수준에 대한 자원의 종류에는 최소한 다음 그룹을 넘어서 그룹별 제어가 가능해야 한다.

Storage: Private directory / Application Shared Directory / System Shared Directory

Network : Connection Oriented, Datagram, HTTP

Secured Network connection : HTTPS

Serial Device : RS-232C, USB

Personal Information : 주소록, 촬영한 사진, 기타 개인 정보

◇ 자원의 보안 수준별 접근 허용 여부

플랫폼의 자원별로 보안 수준에 따라 접근 허용 여부가 정의된 표가 필요하다. 또한 응용 프로그램별로 보안 수준이 지정되어야 한다. 자원의 보안 수준별 접근 인가표는 단말 플랫폼에 존재할 수도 있고 응용 프로그램을 공급하는 서버에 존재할 수도 있다. 플랫폼은 응용 프로그램이 어떤 자원에 접근하고자 할 경우, 응용 프로그램의 보안 수준과 자원의 접근 인가 조건에 따라서 응용 프로그램의 자원 접근 시도를 다음과 같이 제어할 수 있어야 한다.

▶ 허용(Allow)

사용자의 개입 없이 자동으로 자원에 대한 접근을 허용해야 한다.

▶ 사용자의 허락에 의한 접근 허용(User)

응용 프로그램이 '사용자의 허락에 의한 허용' 이라고 명시된 자원에 접근하고자 할 경우, 플랫폼은 사용자에게 응용 프로그램이 하고자 하는 일을 정확하게 알리고, 미리 정의된 범위에 맞춰 사용자의 선택에 따른다.

▶ 거부(Deny)

사용자의 개입이 없는 자원에 대한 자동 접근은 거부해야 한다.

▶ 사용자의 허락에 의한 접근 허용

'사용자의 허락에 의한 허용(User)' 대상인 자원에 응용 프로그램이 접근하고자 할 경우 플랫폼은 사용자에게 이 사실을 알려야 하며, 사용자는 다음 옵션 중 하나를 선택할 수 있다. 만약 플랫폼이 응용 프로그램별로 자원에 대한 접근 인가 여부를 조회 및 변경할 수 있는 User Interface를 제공할 경우, 사용자는 그것을 통해서 응용 프로그램의 동작 여부와 상관 없이 접근 인가 여부를 변경할 수 있다. 변경된 사항은 그것이 지속되는 동안 조건별로 계속 응용 프로그램의 해당 자원 접근 시 유효하다.

▶ 계속 거부

응용 프로그램이 uninstall될 때까지 거부해야 한다.

▶ 응용 프로그램 종료 시까지 거부

응용 프로그램의 실행이 종료될 때까지 거부해야 한다.

▶ 이번만 거부

응용 프로그램은 이번 호출에 한해 자원에 접근할 수 있어서는 안 되며, 다음번에는 다시 사용자에게 문의해야 한다.

▶ 이번만 허용

단 한 번의 함수 호출만을 허용해야 하며, 다음번에는 다시 사용자에게 문의해야 한다.

▶ 응용 프로그램 종료 시까지 허용

응용 프로그램의 실행이 종료될 때까지 허용해야 한다.

▶ 계속 허용

응용 프로그램이 uninstall될 때까지 허용해야 한다. 만약 플랫폼이 응용 프로그램별 자원에 대한 보안 레벨을 조회 및 변경할 수 있는 User Interface를 제공할 경우, 사용자는 계속 허용한 자원에 대한 정책을 변경할 수 있다.

◇ 보안 관련 실천 규칙

이렇게 정의된 플랫폼의 접근 인가 여부 표와 응용 프로그램마다 설정된 보안 수준을 통해서 보안 관련 동작을 수행해야 한다. 세부적인 규칙은 다음과 같다.

○ 응용 프로그램이나 플랫폼의 자원별로 정의된 보안 관련 접근 인가 조건에 따라 플랫폼은 응용 프로그램의 자원 접근을 제어해야 한다.

○ 응용 프로그램의 보안 관련 정보는 응용 프로그램이 공급될 때, 같이 제공되어야 한다.

○ 응용 프로그램의 보안 관련 정보는 인증 기술을 통해 인증할 수 있다.

○ 응용 프로그램의 자원 접근이 보안 관련 문제로 거절되었을 경우 응용 프로그램에 이 사실을 통보해야 한다. 자바의 경우에는 보안 예외 상황을 발생시켜야 하고, C의 경우에는 오류를 반환해야 한다.

■ API 추가/갱신 지원

플랫폼은 API를 무선망을 통해서 추가/갱신할 수 있으며, 추가/갱신은 DLL을 통해 이루어져야 한다.

◇ DLL(Dynamic Linking Library)

DLL은 플랫폼에서 새로운 API를 추가하거나, 기존 API를 갱신하는 데 수단이 된다.

DLL은 구현과 인터페이스로 분리되고, DLL 구현물의 관리를 위해 플랫폼은 API 추가/갱신에 따른 버전 관리 및 설치/삭제 기능을 가져야 한다. DLL사용자(응용 프로그램 개발자)는 인터페이스를 통해 DLL의 특정 기능(라이브러리)을 사용할 수 있다.

플랫폼은 추가/갱신된 API에 대해서도 수준 정책을 동일하게 적용해야 한다.

DLL/인터페이스는 단말기 기본 내장으로 탑재될 수도 있고, 어플리케이션 관리자나 사용자의 지정에 의해 다운로드될 수도 있다.

■ 메모리 관리

플랫폼은 응용 프로그램이 사용하는 HEAP 메모리를 다음과 같이 관리해야 한다.

◇ 자동 메모리 해제

하나의 응용 프로그램이 종료되면 해당 프로그램과 관련된 모든 메모리는 플랫폼에 반환해야 한다. 따라서 이벤트 등으로 사용된 메모리는 자동으로 모두 반환해야 한다.

◇ 메모리 컴팩션(Compaction)

플랫폼에서 사용하는 메모리를 할당/해제할 때 메모리 단편화(fragmentation)를 줄이기 위해 메모리 컴팩션을 할 수 있다.

◇ Java 가비지 컬렉션(Garbage Collection)

플랫폼은 자바언어 문맥에 따라 가비지 컬렉션을 지원해야 한다.

◇ 자바 스택(Stack)

플랫폼은 자바 응용 프로그램별로 스택을 할당/해제할 수 있으며, 응용 프로그램별 스택의 크기를 동적으로 변화시킬 수 있다. 자바 응용 프로그램이 메모리 한계를 넘는 스택 할당 요청을 했을 경우 플랫폼은 예외 상황(exception)을 응용 프로그램에 전달 해야 하며, 예외 상황 발생 후 플랫폼은 정상 동작해야 한다.

◇ 공유 메모리 지원

응용 프로그램들이 사용하는 메모리는 서로 독립적이어야 하고, 플랫폼은 응용 프로그램 간에 공유할 수 있는 메모리를 지원해야 한다. 플랫폼은 공유하는 모든 응용 프로그램이 종료될 경우 자동으로 공유 메모리를 해제해야 한다.

■ 응용 프로그램 관리

플랫폼은 다음의 기능을 제공해야 한다.

◇ 관리 기능

응용 프로그램 수행 시 날짜 제한, 회수 제한 설정에 따라 기동 여부를 판단해야 한다.

응용 프로그램 설치/삭제 기능과 정지 기능을 제공할 수 있다. 정지 기능은 실행 프로그램만 삭제하고 관련 데이터 파일을 남겨두어 추후 다시 프로그램을 설치하면 이전 데이터를 활용할 수 있도록 하는 기능이다.

API 추가/갱신 기능을 제공해야 한다. 응용 프로그램 강제 종료 기능을 제공해야 한다.

◇ 응용 프로그램 다운로드 기능

플랫폼은 응용 프로그램을 다운로드 받는 기능을 지원하고, 다운로드 중 오류가 발생할 경우 초기 상태로 복구해야 한다. 시리얼 인터페이스를 통한 다운로드 기능은 선택 사항이다.

■ 다국어 지원

◇ 유니코드 지원

플랫폼은 자바 응용 프로그램을 위해 유니코드를 지원해야 하며 입출력 시 문자열은 지역 특성에 맞게 해당되는 문자 코드로 변환해야 한다. 한국의 경우는 유니코드 문자열과 EUC_KR 문자세트(Character Set) 문자열을 상호 변환해야 한다.

◇ 로케일 지원

플랫폼은 C 응용 프로그램을 지역 정보에 따라 참조하여 지원하는 문자세트로 인식하여야 한다. 한국의 경우는 EUC_KR 문자세트를 이용해야 한다.

◇ 확장 유니코드

EUC_KR 문자세트에는 유니코드에 대응되지 않는 그래픽 문자가 있으며, 이를 지원하기 위해서 유니코드 사양에서 Private Use(0xE000-0xF8FFF) 영역을 사용하는 확장된 유니코드를 사용할 수 있다.

■ CLDC/MIDP 지원

WIPI 2.0 규격에서는 CLDC/MIDP를 필수 규격으로 채택하였으며 아래 내용을 준수해야 한다.

◇ CLDC 지원

CLDC 규격은 선마이크로시스템스(Sun Microsystems)사의 CLDC 규격 1.1(http://jcp.org/aboutJava/communityprocess/final/jsr139/index.html)을 기준으로 해야 하며, 플랫폼은 바이너리 코드의 실행을 기반으로 하고 있으므로 CLDC 규격에서 정의하는 버추얼 머신의 기능은 플랫폼 엔진에서 수용해야 한다. 단, CLDC 규격에서 바이트 코드와 코드 검증은 플랫폼의 의미를 AOTC를 포함하는 것으로 해석하여 처리한다.(이와 관련하여 CLDC 규격서5.2.1.1 Verification process의 Phase 2:In-device verification에서 'In-device'의 정의를 플랫폼과 AOTC를 포함하는 것으로 한다) CLDC를 지원할 경우 규격서 '제4편 2.1 CLDC 클래스'를 CLDC Core API와 호환되도록 대체한다.

◇ MIDP 지원

MIDP 규격은 선마이크로시스템스사의 규격 2.0 (http://jcp.org/aboutJava/communityprocess/final/jsr118/index.html)을 기준으로 해야 한다.

◇ 필수 API와의 상호 운용성

CLDC/MIDP는 필수 Java API와 상호 보완적으로 사용되어야 한다. 같은 기능을 하는 API를 혼용하지 않도록 주의한다.

디지털 콘텐츠 프로그래밍 WIPI

초판인쇄 2007년 11월 23일 | 초판발행 2007년 11월 30일
지은이 김장환
펴낸이 심만수
펴낸곳 (주)살림출판사
출판등록 1989년 11월 1일 제9-210호

주소 413-756 경기도 파주시 교하읍 문발리 파주출판도시 522-2
전화 영업 · 031)955-1350 기획편집 · 031)955-1372
팩스 031)955-1355
이메일 salleem@chol.com
홈페이지 http://www.sallimbooks.com

ISBN 978-89-522-0721-0 14560

값 4,500원